野外蝴蝶采集常用工具

利用蝴蝶下方的视觉盲区，自下而上地挥网捕捉。

如第一网未能捕获目标，可采用8字形挥网的方式补网。

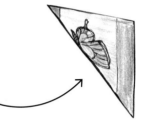

捕获蝴蝶后，应隔着网袋按捏蝴蝶胸部飞行肌，使其窒息，待其丧失飞行能力后取出装进三角袋。

采集到的幼虫，可以放入塑料密封的保鲜盒中保存。幼虫需氧量很少。注意盒子不能在阳光下暴晒。

然后装入铁质三角盒中保存。

幼虫的寄主树叶可以用塑料夹链袋保存，保持水分及新鲜度。

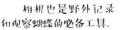

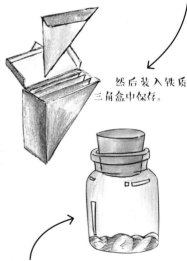

相机也是野外记录和观察蝴蝶的必备工具。

在毒瓶中倒入对人体基本无害的乙酸乙酯作为毒剂，毒瓶里的棉花加上锡纸压紧在底部，不晃动也不渗漏液体出来。毒瓶子可以用来毒小型弄蝶。

三角纸袋的折法

蝴蝶的鳞片容易脱落，所以一般单独保存在三角袋中。三角袋用光滑的硫酸纸制作，能最大限度地保护鳞片。

将硫酸纸裁剪成长方形（大小根据采集的标本大小进行选用）。

沿斜线方向对折，两侧各留出一条宽边。

将两条宽边翻折，包住三角袋的边缘，形成封闭空间。

将下端露出的小三角向后翻折。

将上端露出的小三角向前翻折。

用铅笔记录采集时间和地点、海拔高度等资料。

放大镜可以用来观察蝴蝶的卵和幼虫。

一般放诱饵的地方是林内，或者溪边，以及路边向阳地方。

白天用诱饵采集蝴蝶的办法

白天可以用诱饵来诱捕蝴蝶，所有腐烂发酵的水果均可作为诱饵，能引诱到蛱蝶科里大部分种类。

4 怎样判断毛毛虫有没有毒？

接触所有蝴蝶的幼虫一般不会对皮肤产生任何影响。但是在野外无法判断是否为蝴蝶幼虫的时候，那些有毛刺的毛毛虫就不要接触了，体表光滑的可以随意触碰。

体表光滑的毛毛虫可以随意碰触。

尽量不要触碰有毛刺的毛毛虫。

5 这些毛毛虫都不能随便碰

刺蛾幼虫

刺蛾幼虫

刺蛾幼虫

刺蛾幼虫

带蛾幼虫

带蛾幼虫

毒蛾幼虫

毒蛾幼虫

枯叶蛾幼虫

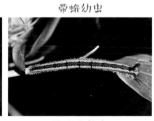

枯叶蛾幼虫

枯叶蛾幼虫

枯叶蛾幼虫

003

野外常见蝴蝶 102 种

玉带凤蝶 *Papilio polytes* Linnaeus, 1758

红珠凤蝶 *Pachliopta aristolochiae* (Fabricius, 1775)

巴黎翠凤蝶 *Papilio paris* Linnaeus, 1758

碧凤蝶 *Papilio bianor* Cramer, 1777

绿带翠凤蝶 *Papilio maackii* Ménétriès, 1859

蓝凤蝶 *Papilio protenor* Cramer, 1775

美凤蝶 *Papilio memnon* Linnaeus, 1758

玉斑凤蝶 *Papilio helenus* Linnaeus, 1758

柑橘凤蝶 *Papilio xuthus* Linnaeus, 1767

金凤蝶 *Papilio machaon* Linnaeus, 1758

多姿麝凤蝶 *Byasa polyeuctes* (Doubleday, 1842)

木兰青凤蝶 *Graphium doson* (C. & R. Felder, 1864)

青凤蝶 *Graphium sarpedon* (Linnaeus, 1758)

宽带青凤蝶 *Graphium cloanthus* (Westwood, 1845)

丝带凤蝶 *Sericinus montelus* Gray, 1852

冰清绢蝶 *Parnassius citrinarius* Motschoulsky, 1866

北黄粉蝶 *Eurema mandarina* (de l'Orza, 1869)

檗黄粉蝶 *Eurema blanda* (Boisduval, 1836)

迁粉蝶 *Catopsilia pomona* (Fabricius, 1775)

梨花迁粉蝶 *Catopsilia pyranthe* (Linnaeus, 1758)

橙黄豆粉蝶 *Colias fieldii* Ménétriés, 1855

东亚豆粉蝶 *Colias poliographus* Motschulsky, 1860

橙粉蝶 *Ixias pyrene* (Linnaeus, 1764)

纤粉蝶 *Leptosia nina* (Fabricius, 1793)

飞龙粉蝶 *Talbotia naganum* (Moore, 1884)

云粉蝶 *Pontia edusa* (Fabricius, 1777)

菜粉蝶 *Pieris rapae* (Linnaeus, 1758)

东方菜粉蝶 *Pieris canidia* (Sparrman, 1768)

报喜斑粉蝶 *Delias pasithoe* (Linnaeus, 1767)

黄尖襟粉蝶 *Anthocharis scolymus* Butler, 1866

朴喙蝶 *Libythea lepita* Moore, [1858]

虎斑蝶 *Danaus genutia* (Cramer, [1779])

绢斑蝶 *Parantica aglea* (Stoll, [1782])

蓝点紫斑蝶 *Euploea midamus* (Linnaeus, 1758)

异型紫斑蝶 *Euploea mulciber* (Cramer, [1777])

大绢斑蝶 *Parantica sita* Kollar, [1844]

芒麻珍蝶 *Acraea issoria* (Hübner, [1819])

斐豹蛱蝶 *Argyreus hyperbius* (Linnaeus, 1763)

老豹蛱蝶 *Argyronome laodice* Pallas, 1771

绿豹蛱蝶 *Argynnis paphia* (Linnaeus, 1758)

幻紫斑蛱蝶 *Hypolimnas bolina* (Linnaeus, 1758)

孔雀蛱蝶 *Inachis io* (Linnaeus, 1758)

琉璃蛱蝶 *Kaniska canace* (Linnaeus, 1763)

黄钩蛱蝶 *Polygonia c-aureum* (Linnaeus,1758)

大红蛱蝶 *Vanessa indica* (Herbst,1794)

小红蛱蝶 *Vanessa cardui* (Linnaeus,1758)

美眼蛱蝶 *Junonia almana* (Linnaeus,1758)

钩翅眼蛱蝶 *Junonia iphita* (Cramer,[1779])

散纹盛蛱蝶 *Symbrenthia lilaea* Hewitson,1864

曲纹蜘蛱蝶 *Araschnia doris* Leech,[1892]

斑网蛱蝶 *Melitaea didymoides* Eversmann, 1847

波蛱蝶 *Ariadne ariadne* (Linnaeus, 1763)

尖翅翠蛱蝶 *Euthalia phemius* (Doubleday, 1848)

残锷线蛱蝶 *Limeniris sulpitia* (Cramer, 1779)

扬眉线蛱蝶 *Limenitis helmanni* Lederer, 1853

新月带蛱蝶 *Athyma selenophora* (Kollar, [1844])

电蛱蝶 *Dichorragia nesimachus* (Doyère, [1840])

穆蛱蝶 *Moduza procris* (Cramer, [1777])

中环蛱蝶 *Neptis hylas* (Linnaeus, 1758)

小环蛱蝶 *Neptis sappho* (pallas, 1771)

黄环蛱蝶 *Neptis themis* Leech, 1890

重环蛱蝶 *Neptis alwina* (Bremer & Grey, 1852)

金蟠蛱蝶 *Pantoporia hordonia* (Stoll, [1790])

网丝蛱蝶 *Cyrestis thyodamas* Boisduval, 1846

柳紫闪蛱蝶 *Apatura ilia* (Denis & Schiffermuller, 1775)

白斑迷蛱蝶 *Mimathyma schrenckii* (Ménétriès, 1859)

黑脉蛱蝶 *Hestina assimilis* (Linnaeus, 1758)

拟斑脉蛱蝶 *Hestina persimilis* (Westwood, [1850])

明窗蛱蝶 *Dilipa fenestra* (Leech, 1891)

窄斑凤尾蛱蝶 *Polyura athamas* (Drury, [1773])

二尾蛱蝶 *Polyura narcaea* (Hewitson, 1854)

白带螯蛱蝶 *Charaxes bernardus* (Fabricius, 1793)

串珠环蝶 *Faunis eumeus* (Drury, 1773)

华西箭环蝶 *Stichophthalma suffusa* Leech, 1892

翠袖锯眼蝶 *Elymnias hypermnestra* (Linnaeus, 1763)

暮眼蝶 *Melanitis leda* (Linnaeus, 1758)

白带黛眼蝶 *Lethe confusa* Aurivillius, 1897

曲纹黛眼蝶 *Lethe chandica* Moore, [1858]

斗毛眼蝶 *Lasiommata deidamia* (Eversmann, 1851)

小眉眼蝶 *Mycalesis mineus* (Linnaeus, 1758)

稻眉眼蝶 *Mycalesis gotama* Moore, 1857

华北白眼蝶 *Melanargia epimede* (Staudinger, 1887)

密纹矍眼蝶 *Ypthima multistriata* Butler, 1883

矍眼蝶 *Ypthima baldus* (Fabricius, 1775)

蛇眼蝶 *Minois dryas* (Scopoli, 1763)

玄裳眼蝶 *Satyrus ferula* (Fabricius, 1793)

牧女珍眼蝶 *Coenonympha amaryllis* (Stoll, 1782)

酢浆灰蝶 *Zizeeria maha* (Kollar, [1844])

亮灰蝶 *Lampides boeticus* Linnaeus, 1767

曲纹紫灰蝶 *Chilades pandava* (Horsfield, [1829])

点玄灰蝶 *Tongeia filicaudis* (Pryer, 1877)

雅灰蝶 *Jamides bochus* (Stoll, [1782])

尖翅银灰蝶 *Cureris acuta* Moore, 1877

浓紫彩灰蝶 *Heliophorus ila* (de Nicéville & Martin, [1896])

红灰蝶 *Lycaena phlaeas* (Linnaeus, 1761)

钮灰蝶 *Acytolepis puspa* (Horsfield, [1828])

姜弄蝶 *Udaspes folus* (Cramer, [1775])

素弄蝶 *Suastus gremius* (Fabricius, 1798)

直纹稻弄蝶 *Parnara guttata* (Bremer & Grey, 1853)

黑弄蝶 *Daimio tethys* (Ménétriés, 1857)

花弄蝶 *Pyrgus maculatus* (Bremer & Grey, 1853)

白弄蝶 *Abraximorpha davidii* (Mabille, 1876)